Das sichtbare Universum

meinem Sohn Christoph

Das sichtbare Universum
Beobachtungen im expandierenden Universum

von

Dipl.-Math. Klaus Becker

Herstellung und Verlag:
BoD - Books on Demand, Norderstedt
ISBN 978-3-7322-9652-1

Inhalt

VORWORT 7

1 Einleitung 9

2 Das sichtbare Universum - Definition 11

3 Das Standardmodell der Kosmologie 13

4 Elemente des sichtbaren Universums 19

5 Zusammenspiel der Elemente 27
   5.1 Weltlinie und Vergangenheitslichtkegel 28
   5.2 Der Partikelhorizont 37
   5.3 Der Ereignishorizont 41
   5.4 Die Hubble-Radius-Funktion 47

6 Zusammenfassung 55

LITERATURVERZEICHNIS 57

VORWORT

In der vorliegenden Ausarbeitung beschäftigen wir uns mit der Frage, was wir eigentlich erwarten können, wenn wir mit unseren Teleskopen und Satellitenexperimenten in den Weltraum hineinschauen und gleichzeitig in die Vergangenheit blicken.

An der Tatsache, dass Licht eine endliche Geschwindigkeit hat, kommen wir dabei nicht vorbei. Die Lichtgeschwindigkeit oder allgemeiner, die Geschwindigkeit elektromagnetischer Strahlung, ist die maximal mögliche, mit der uns Informationen aus der Vergangenheit erreichen können. Wenn wir davon ausgehen, dass das Universum einen Anfang hatte, dann kann Licht vom Anfang bis in unsere gegenwärtige Epoche naturgemäß nur eine endliche Distanz zurückgelegt haben. Noch weiter in den Raum sehen zu wollen, das können wir deshalb an dieser Stelle schon aufgeben. Wir denken, dass es andererseits auch einigermaßen vermessen wäre, zu glauben, dass das Universum genau so groß ist, wie gerade wir es heute sehen, wir zumindest theoretisch in der Lage sind, es zu sehen.

Schon an dieser Stelle können wir festhalten, dass es uns innerhalb dieser Ausarbeitung nicht möglich sein kann, zu entscheiden, ob das sichtbare Universum das komplette Universum umfasst oder ob es tatsächlich nur ein Teil, möglicherweise nur ein Bruchteil, davon ist. Um diese Frage zu entscheiden, muss die Inflationstheorie einspringen[1,2]. Bei der Inflationstheorie handelt es sich um eine Erweiterung der Urknalltheorie, die in den 1980er Jahren von Alan Guth, einem US-amerikanischen Physiker und Kosmologen entdeckt wurde. Der Inflationstheorie folgend, ist es hoch wahrscheinlich, wenn nicht sogar sicher, dass das sichtbare Universum nur ein winziger Bruchteil des ganzen Universums ist[4]. Möglicherweise ist unser Universum sogar nur ein Universum unter vielen und damit nur eine „Blase" innerhalb eines ewig expandierenden, inflationären Multiversums[4].

Wir bleiben bescheiden und versuchen nur zu klären, was wir von dem Universum, das uns hervorgebracht hat und uns erlaubt, es aus unserer beschränkten Perspektive zu beobachten, theoretisch zu sehen in der Lage sind.

Wir wünschen den Leserinnen und Lesern viel Freude beim Studium der Ausarbeitung.

Oberwesel, im Januar 2014

1 Einleitung

Der Mensch ist Habitant eines winzigen Planeten in einem relativ gewöhnlichen Fixsternsystem, einem jedenfalls von einigen 100 Milliarden, am Rande einer relativ gewöhnlichen Galaxie liegend, einer von einigen 100 Milliarden im sichtbaren Universum. Wir wiederholen, „im sichtbaren" Universum. Wenn wir diese Einschränkung machen, kann es nur bedeuten, dass das Universum größer ist, als das, was wir von ihm in der Lage sind zu beobachten, „systembedingt", nicht etwa, weil unsere Instrumente dazu noch nicht in der Lage wären. Und es ist mit hoher Wahrscheinlichkeit so, dass das sichtbare Universum nur einen Bruchteil des ganzen Universums ausmacht. Und der beobachtbare Teil ist, wie wir wissen, schon unvorstellbar groß. Wir möchten diese Aussage konkreter fassen können und beschäftigen uns mit der Beantwortung der Frage, was wir theoretisch erwarten können, wenn wir in den Raum hinein und dabei gleichzeitig in die Vergangenheit blicken. Letztendlich sollen unsere Beobachtungen uns ein Bild liefern von dem Universum, das es uns ermöglicht hat, zu existieren und es zu beobachten.

Wir führen dabei keine Beobachtungen mit Teleskopen und Satellitensystemen durch. Vielmehr bewegen wir uns in den Modellen, die sich die Kosmologen vom Universum machen. Das heißt, wir „beobachten" theoretisch und das heißt, mit mathematischen Mitteln.

Im Abschnitt 2 definieren wir, was wir unter dem sichtbaren Teil des Universums verstehen wollen. Im Abschnitt 3 gehen wir in aller Kürze auf das Standardmodell der Kosmologie ein und diskutieren die sogenannte Skalenfunktion, die die Expansion des Universums beschreibt. Es ist die im vorliegenden Kontext wichtigste Funktion. Außerdem beschäftigen wir uns mit der sogenannten Rotverschiebung. Sie stellt die Verbindung her zwischen der beobachtenden und der theoretischen Kosmologie. Im Abschnitt 4 definieren wir die Elemente der Raumzeit, die uns eine Sicht in den Raum und die Zeit ermöglichen. Es handelt sich um mathematische Konstrukte, mit denen wir das sichtbare Universum erfassen können: die Weltlinie einer Galaxie, der Vergangenheitslichtkegel einer kosmischen Epoche, der Partikelhorizont einer kosmischen Epoche, der Ereignishorizont einer kosmischen Epoche und schließlich der Hubble-Radius einer kosmischen Epoche. Im Abschnitt 5 betrachten wir die Elemente in ihren Beziehungen zueinander, um uns letztendlich im Abschnitt 6 ein Gesamtbild vom sichtbaren Universum zu machen.

2 Das sichtbare Universum - Definition

Bevor wir unsere Definition des sichtbaren Universums festmachen können, müssen wir uns über ein paar Dinge verständigen. Zunächst sollten wir klären, welche Objekte des Universums wir beobachten möchten, wenn wir vom beobachtbaren bzw. sichtbaren Universum sprechen. Die Beantwortung dieser Frage scheint vordergründig einfach. Da wir uns mit kosmologischen Themen beschäftigen, also mit dem Universum als Ganzem, kommen dafür eigentlich nur Galaxien in Betracht. Galaxien, die soweit voneinander entfernt sind, dass sie als die kleinsten gravitativ gebundenen Systeme unabhängig voneinander auf dem Hubble-Strom „treiben" und sich infolge der Expansion des Weltalls immer weiter voneinander entfernen. In bestimmten Fällen, in denen es a priori nicht klar ist, ob eine Galaxie beispielsweise schon existiert hat oder noch existiert, kommen wir allerdings besser zurecht, wenn wir uns abstrakte „Raumzeitereignisse" vorstellen, die irgendwo im Raum zu irgendeiner Zeit stattfinden und in der Lage sind, sich uns bemerkbar zu machen. Wir nennen sie einfach „virtuelle" Galaxien.

Außerdem müssen wir uns noch über die Position des Beobachters verständigen. Die natürlichste Annahme ist, dass wir von unserer Erde als Beobachtungsort ausgehen. Mit dem Beobachtungsort können wir aber im Angesicht der Größe des Universums, ohne allzu große Fehler zu machen, durchaus etwas großzügiger umgehen. Da wir als Beobachtungsobjekte Galaxien ausgemacht haben, wenn auch gegebenenfalls virtuelle, gehen wir, quasi in Augenhöhe bleibend, von einer beliebigen Galaxie, als Beobachtungsstandort aus. Diese Galaxie nennen wir Beobachtergalaxie. Ohne Beschränkung der Allgemeinheit wählen wir als Beobachtergalaxie unsere eigene. Diese Vorgehensweise können wir mit dem kosmologischen Prinzip begründen, nach dem das Universum auf großen Skalen homogen und isotrop ist. Als bevorzugte Beobachtungszeit wählen wir unsere eigene gegenwärtige Epoche, lassen aber jede kosmische Epoche zu. Die jeweils gewählte kosmische Epoche nennen wir Beobachtungsepoche.

Die Vorbereitung auf das Thema abschließend, legen wir noch fest, mit welchen Beobachtungsinstrumenten wir arbeiten wollen. Wir machen uns die Technik der Beobachtung einfach und verzichten auf jegliches technisches Gerät. Wir beobachten die Galaxien innerhalb unseres Modells, das wir uns von unserem Universum machen. Das heißt, wir beobachten Galaxien mit mathematischen Mitteln, theoretisch also, unabhängig von der Güte oder der Unzulänglichkeit von Beobachtungsinstrumenten.

Wir definieren nun:

Das sichtbare Universum besteht aus Sicht einer bestimmten Galaxie (Beobachtergalaxie) und einer bestimmten Epoche (Beobachtungsepoche) aus allen Raumzeitereignissen, deren Lichtemissionen die Beobachtergalaxie in der Beobachtungsepoche erreichen.

Auf unsere eigene Galaxie und unsere eigene Epoche reduziert, gilt also:

Das sichtbare Universum besteht aus allen Raumzeitereignissen, deren Lichtemissionen uns erreichen.

Hinweis:

Diese Definition ist genau genommen trivial. Wenn von einem Objekt emittierte Photonen unsere Augen nicht erreichen, dann ist das Objekt nun einmal für uns unsichtbar. In einem expandierenden Universum aber, in dem sich der Raum zwischen den Objekten während der Laufzeit des Lichts vergrößert, ist diese Definition nicht mehr ganz so einfach zu deuten. Und es lohnt sich, wie wir noch sehen werden, die Situation etwas genauer zu analysieren.

3 Das Standardmodell der Kosmologie

Das Standardmodell der Kosmologie, das auch als Referenzmodell bezeichnet wird, ergibt sich als Lösung der Einsteinschen Feldgleichungen unter der Annahme eines Universums, das dem kosmologischen Prinzip folgt[1]. Die sogenannte Friedmann-Gleichung, die das Modell vollständig beschreibt, lautet:

3.1 $\quad H(t) = H_0 \cdot \sqrt{\Omega_{r,0} \cdot a(t)^{-4} + \Omega_{m,0} \cdot a(t)^{-3} + \Omega_{\Lambda,0}}$.

Dabei sind[1] $\Omega_{r,0}$, $\Omega_{m,0}$, $\Omega_{\Lambda,0}$ und H_0 Konstanten, $\Omega_{r,0}$ der Dichteparameter der Strahlung der gegenwärtigen Epoche, $\Omega_{m,0}$ der Dichteparameter der Materie (baryonische und Dunkle Materie), $\Omega_{\Lambda,0}$ der Dichteparameter der Dunklen Energie, H_0 die Hubble-Konstante, $a(t)$ die Skalenfunktion (siehe weiter unten) und $H(t)$ die Hubble-Funktion mit

3.2 $\quad H(t) = \dfrac{a'(t)}{a(t)}$.

Hinweis:

Das durch 3.1 beschriebene Universum ist flach, das heißt, ohne Krümmung. Die Flachheit des Universums ist inzwischen durch die beobachtende Kosmologie nachgewiesen, so dass wir mit dieser vereinfachenden Annahme beruhigt arbeiten können (siehe auch 1).

Da $\Omega_{r,0}$ gegenüber $\Omega_{m,0}$ sehr klein ist, vernachlässigen wir den Term $\Omega_{r,0} \cdot a(t)^{-4}$, solange wir uns nicht allzu sehr dem Urknall nähern. Aus 3.1 wird damit

3.3 $\quad H(t) = H_0 \cdot \sqrt{\Omega_{m,0} \cdot a(t)^{-3} + \Omega_{\Lambda,0}}$.

3.3 lässt sich auch unmittelbar in Abhängigkeit vom Skalenwert (Wert der Skalenfunktion) formulieren:

3.4 $\quad H(a) = H_0 \cdot \sqrt{\Omega_{m,0} \cdot a^{-3} + \Omega_{\Lambda,0}}$.

Die Skalenfunktion ist die im vorliegenden Zusammenhang wohl wichtigste Funktion. Sie beschreibt in Abhängigkeit von der kosmischen Zeit den Verlauf der Expansion des Universums. Ist die gegenwärtige Distanz zu einer Galaxie bekannt, dann lässt sich mithilfe der Skalenfunktion die Distanz der Galaxie in einer beliebigen Epoche berechnen. Sei nämlich $d(t_0)$ die Entfernung der Galaxie bei t_0, das heißt, die Entfernung der Galaxie in der gegenwärtigen Epoche und $a(t)$ die Skalenfunktion, dann ist die Entfernung $d(t)$ der Galaxie in der kosmischen Epoche t

3.5 $\quad d(t) = a(t) \cdot d(t_0)$.

Man sagt auch, dass sich das Universum in der kosmischen Epoche t auf der Skala a befindet bzw. befand, wenn t für eine vergangene Epoche steht oder auch befinden wird, wenn die betrachtete Epoche in der Zukunft liegt. Die Skalenfunktion ist auf die gegenwärtige kosmische Epoche normiert, das heißt, sie nimmt für die gegenwärtige Epoche den Wert eins an. Für alle früheren Epochen ist ihr Wert kleiner als eins und für alle späteren größer als eins. Dieser Verlauf ergibt sich aus der Tatsache, dass die Expansion des Universums den Abstand zwischen uns, also unserer Galaxie und einer hinreichend weit entfernten Galaxie mit zunehmender kosmischer Zeit vergrößert. Die Skalenfunktion ist eine monoton steigende Funktion. Ihre Steigung indiziert die Geschwindigkeit, mit der sich die Galaxien von uns entfernen. Dabei wissen wir, dass sich nicht die Galaxien bewegen, sondern dass sich der Raum zwischen den Galaxien vergrößert[1]. Im Urknall nimmt die Skalenfunktion den Wert null an. Dieser Zustand des Universums mit einer Ausdehnung von null ist physikalisch und mathematisch nicht haltbar[1,3]. Die sogenannte Urknallsingularität, der Zustand des Universums zur Zeit null, unterstellt ein unendlich heißes und unendlich dichtes Universum ohne Ausdehnung. Hier prallen die beiden großen physikalischen Theorien, die Relativitätstheorie Albert Einsteins einerseits und die Quantentheorie andererseits aufeinander. Die Zusammenführung dieser beiden Theorien ist eine der großen Herausforderungen der modernen Physik. Für deren Lösung gibt es Ansätze, aber noch nicht den entscheidenden Durchbruch. Wir kommen zurück zu der eher bescheidenen Frage nach der Skalenfunktion des Standardmodells der Kosmologie. Diese hat für nicht allzu nahe beim Urknall liegende Epochen t die Form

3.6 $\quad a(t) = \left(\dfrac{\Omega_{m,0}}{\Omega_{\Lambda,0}}\right)^{\frac{1}{3}} \sinh^{\frac{2}{3}}\left(\dfrac{3}{2} \cdot H_0 \cdot \sqrt{\Omega_{\Lambda,0}} \cdot t\right)$

mit den bereits oben vorgestellten Konstanten $\Omega_{m,0}$, $\Omega_{\Lambda,0}$ und H_0.

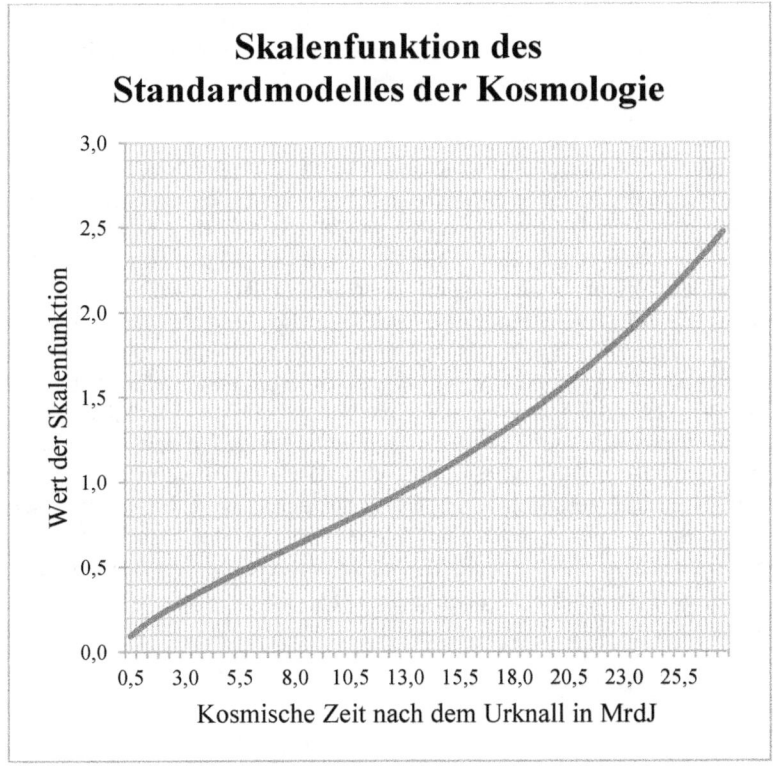

Abbildung 3.1: Die Skalenfunktion des Standardmodells der Kosmologie

In der Abbildung 3.1 haben wir den Verlauf der Skalenfunktion für $t \in [0; 2 \cdot t_0]$ dargestellt. Sie zeigt im ersten Abschnitt bis etwa 7 Milliarden Jahre nach dem Urknall eine abnehmende Steigung. Das bedeutet, bis etwa 7 Milliarden nach dem Urknall expandierte das Universum gebremst, das heißt, mit abnehmender Geschwindigkeit. Von dieser Epoche an nahm die Geschwindigkeit der Expansion zu. Zurückgeführt wird dieses Verhalten auf die Dunkle Energie[1,3]. Wir werden die gemäß 3.6 ziemlich unhandlich wirkende Skalenfunktion in der dargestellten Form im Weiteren nicht mehr benutzen. Mit einer einfachen mathematischen Transformation lassen sich die Größen, um die es uns bei der Beschreibung des sichtbaren Universums geht, von der Zeitabhängigkeit in die Abhängigkeit vom Skalenparameter transformieren. Siehe dazu weiter unten.

Nicht weniger wichtig als die Skalenfunktion ist im vorliegenden Zusammenhang die Relation zwischen der Skalenfunktion und der sogenannten Rotverschiebung. Sie verbindet die beobachtende Kosmologie mit der theoretischen. Während die Skalenfunktion das theoretische Modell des Universums widerspiegelt, lässt sich die Rotverschiebung beobachten. Die Rotverschiebung ist definiert als die „Verschiebung" der Wellenlänge eines elektromagnetischen Signals, das von einem sich vom Beobachter entfernenden bzw. auf ihn zukommenden Objekt emittiert wird. Wir kennen dieses Phänomen als Dopplereffekt bei Schallwellen, beispielsweise bei einer auf uns zukommenden und sich dann entfernenden Polizeisirene. Auf uns zukommend wird die Sirene schriller, die Wellenlänge wird kürzer. Sich von uns weg bewegend wird die Sirene leiser, die Wellenlänge wird größer. Die „Wellenverschiebung" wird definiert durch die relative Verschiebung zwischen der detektierten Wellenlänge $\lambda(t_0)$ und der emittierten Wellenlänge $\lambda(t)$:

$$3.7 \quad z = \frac{\lambda(t_0) - \lambda(t)}{\lambda(t)}.$$

Hinweis:

Bei elektromagnetischen Wellen ist der langwelligere Bereich der Lichtwellen der rote Bereich. Daher kommt die Bezeichnung Rotverschiebung.

Ein wichtiges Ergebnis für die Wellenlänge $\lambda(t)$ eines in der Epoche t emittierten elektromagnetischen Signals ist ihre Proportionalität mit dem Skalenwert. Es gilt nämlich[1] :

3.8 $\lambda(t) \approx a(t)$.

Aus 3.7 und 3.8 folgt für den Zusammenhang zwischen der Rotverschiebung z und der Skalenfunktion a

3.9 $z = \dfrac{\lambda(t_0) - \lambda(t)}{\lambda(t)} = \dfrac{\lambda(t_0)}{\lambda(t)} - 1 = \dfrac{a(t_0)}{a(t)} - 1 = \dfrac{1}{a(t)} - 1$.

Mit 3.9 lautet die Friedmann-Gleichung in Abhängigkeit von z

3.10 $H(z) = H_0 \cdot \sqrt{\Omega_{m,0} \cdot (1+z)^3 + \Omega_{\Lambda,0}}$.

4 Elemente des sichtbaren Universums

Die Größen, mit denen wir das sichtbare Universum beschreiben und berechenbar machen, nennen wir Elemente des sichtbaren Universums. Im Einzelnen sind dies die Weltlinien der Galaxien, der Vergangenheitslichtkegel, der Partikelhorizont, der Ereignishorizont und schließlich, wenn auch, wie wir noch sehen werden, im vorliegenden Zusammenhang eher weniger relevant, der Hubble-Radius. Wir definieren die Größen und bedienen uns der Schreibweise aus 1:

Weltlinie einer Galaxie $W_{L(t_e;\bar{t})}(t)$:

Unter der Weltlinie einer Galaxie, die bei t_e Photonen emittiert, die bei $\bar{t}$ detektiert werden, verstehen wir den Weg der Galaxie $W_{L(t_e;\bar{t})}(t)$ durch die Raumzeit mit

4.1 $\quad W_{L(t_e;\bar{t})}(t) = c \cdot a(t) \cdot \int_{t_e}^{\bar{t}} \frac{dt}{a(t)}$.

Dabei ist t eine beliebige vergangene oder zukünftige kosmische Epoche, t_e die Emissionsepoche, $\bar{t}$ mit $t_e \leq \bar{t}$ die Detektionsepoche, c die Lichtgeschwindigkeit und a(t) die Skalenfunktion des zugrunde gelegten Weltmodells, hier also die des Standardmodells der Kosmologie.

Falls $\bar{t}$ die gegenwärtige Epoche, also t_0 ist, schreiben wir einfacher

4.2 $\quad W_{L(t_e)}(t) = c \cdot a(t) \cdot \int_{t_e}^{t_0} \frac{dt}{a(t)}$.

Vergangenheitslichtkegel einer Epoche $L_{C(\bar{t})}(t)$:

Unter dem Vergangenheitslichtkegel $L_{C(\bar{t})}(t)$ einer beliebigen Beobachtungsepoche $\bar{t}$ verstehen wir die Raumzeitereignisse, die von einem Beobachter bei $\bar{t}$ detektiert werden können. Der Vergangenheitslichtkegel wird auch Weltlinie des Lichts genannt. Formal gilt

$$4.3 \quad L_{C(\bar{t})}(t) = c \cdot a(t) \cdot \int_{t}^{\bar{t}} \frac{dt}{a(t)} .$$

Dabei ist t eine beliebige, aus Sicht von $\bar{t}$ vergangene, kosmische Epoche. Ist $\bar{t} = t_0$, die Beobachtungsepoche also die gegenwärtige Epoche, so gilt

$$4.4 \quad L_{C(t_0)}(t) = c \cdot a(t) \cdot \int_{t}^{t_0} \frac{dt}{a(t)} .$$

Partikelhorizont $d_{ph}(t)$ einer Epoche:

Der Partikelhorizont $d_{ph}(t)$ einer beliebigen Epoche t ist die Distanz, die Licht seit dem Urknall bis zu dieser Epoche zurückgelegt hat. Der Partikelhorizont wird auch als Beobachtungshorizont bezeichnet. Formal gilt

$$4.5 \quad d_{ph}(t) = c \cdot a(t) \cdot \int_{0}^{t} \frac{dt}{a(t)} .$$

Ereignishorizont $d_{eh}(t)$ einer Epoche:

Der Ereignishorizont $d_{eh}(t)$ einer beliebigen Epoche t ist die Distanz, aus der zur Zeit t emittierte Photonen uns, das heißt, unsere Galaxie in endlicher Zeit nicht mehr erreichen können. Es gilt

$$4.6 \quad d_{eh}(t) = c \cdot a(t) \cdot \int_{t}^{\infty} \frac{dt}{a(t)}$$

Hubble-Radius-Funktion $r_h(t)$ einer Epoche:

Der Hubble-Radius $r_h(t)$ einer beliebigen Epoche t ist die Distanz, in der die Fluchtgeschwindigkeit gerade der Lichtgeschwindigkeit entspricht. Es gilt

4.7 $\quad r_h(t) = \dfrac{c}{H(t)}$.

Dabei ist H(t) die bereits unter 3.2 definierte Hubble-Funktion oder auch Hubble-Konstante der Epoche t mit

4.8 $\quad H(t) = \dfrac{a'(t)}{a(t)}$.

Wir stellen in den beiden folgenden Tabellen die Relationen in Abhängigkeit vom Skalenparameter und in Abhängigkeit von der Rotverschiebung zusammen. Dabei nehmen wir die gegenwärtige Epoche als Beobachtungsepoche an. Dabei stehen

4.9 $\quad a_0 = a(t_0) = 1$ und $z_0 = \dfrac{1}{a_0} - 1 = 0$

für die gegenwärtige Epoche,

4.10 $\quad a_e = a(t_e)$ und $z_e = \dfrac{1}{a_e} - 1$

für die Emissionsepoche,

4.11 $\quad a = 0$ und $z = \infty$

für das Urknallereignis[1],

4.12 $\quad a_{end} = \infty$ und $z_{end} = \dfrac{1}{a_\infty} - 1 = -1$

für das Ende der Zeit[1] und schließlich

4.13 $\quad H_0 = \dfrac{a'(t_0)}{a(t_0)}$

für die Hubble-Konstante der Epoche t_0.

Der Vollständigkeit wegen zeigen wir die mathematischen Transformationen, die die ursprünglich von der kosmischen Zeit abhängigen Relationen in die Abhängigkeit vom Skalenparameter (= Wert der Skalenfunktion) bzw. in die Abhängigkeit von der Rotverschiebung überführen. Beispielhaft wählen wir den Partikelhorizont als die Relation, die wir transformieren wollen. Nach 4.5 ist

4.14 $\quad d_{ph}(t) = c \cdot a(t) \cdot \displaystyle\int_0^t \dfrac{dt}{a(t)}$.

Mit

4.15 $\quad H(t) = \dfrac{a'(t)}{a(t)}$

folgt

$\dfrac{da}{dt} = a \cdot H$ und damit $dt = \dfrac{da}{a \cdot H}$.

Damit gehen wir in 4.14:

Es folgt $d_{ph}(a) = c \cdot a \cdot \displaystyle\int_0^a \dfrac{da}{a \cdot H}$

und mit 3.3 bzw. 3.4

$$d_{ph}(a) = c \cdot a \cdot \int_0^a \frac{da}{a \cdot H} = \frac{c}{H_0} \cdot a \cdot \int_0^a \frac{da}{a^2 \cdot \sqrt{\Omega_{m,0} \cdot a^{-3} + \Omega_{\Lambda,0}}}$$

und schließlich

4.16 $\quad d_{ph}(a) = \frac{c}{H_0} \cdot a \cdot \int_0^a \frac{da}{a^2 \cdot \sqrt{\Omega_{m,0} \cdot a^{-3} + \Omega_{\Lambda,0}}}$.

Wenn man sich der Einfachheit halber auf Einheiten des Hubble-Radius zurückzieht, gilt

4.17 $\quad d_{ph}(a) = a \cdot \int_0^a \frac{da}{a^2 \cdot \sqrt{\Omega_{m,0} \cdot a^{-3} + \Omega_{\Lambda,0}}}$.

Mit $a = \frac{1}{1+z}$ und $\frac{da}{dz} = -(1+z)^{-2}$

folgt aus 4.16

4.18 $\quad d_{ph}(z) = \frac{c}{H_0} \cdot \frac{1}{1+z} \cdot \int_0^z \frac{dz}{\sqrt{\Omega_{m,0} \cdot (1+z)^3 + \Omega_{\Lambda,0}}}$

und in Eimheiten des Hubble-Radius

4.19 $\quad d_{ph}(z) = \frac{1}{1+z} \cdot \int_0^z \frac{dz}{\sqrt{\Omega_{m,0} \cdot (1+z)^3 + \Omega_{\Lambda,0}}}$.

Größe	Relation
Weltlinie $W_{L(a_e)}(a)$	$\dfrac{c}{H_0} \cdot a \cdot \displaystyle\int_{a_e}^{a_0} \dfrac{da}{a^2 \cdot \sqrt{\Omega_{m,0} \cdot a^{-3} + \Omega_{\Lambda,0}}}$
Lichtkegel $L_{C(a_0)}(a)$	$\dfrac{c}{H_0} \cdot a \cdot \displaystyle\int_{a}^{a_0} \dfrac{da}{a^2 \cdot \sqrt{\Omega_{m,0} \cdot a^{-3} + \Omega_{\Lambda,0}}}$
Partikelhorizont $d_{ph}(a)$	$\dfrac{c}{H_0} \cdot a \cdot \displaystyle\int_{0}^{a} \dfrac{da}{a^2 \cdot \sqrt{\Omega_{m,0} \cdot a^{-3} + \Omega_{\Lambda,0}}}$
Ereignishorizont $d_{eh}(a)$	$\dfrac{c}{H_0} \cdot a \cdot \displaystyle\int_{a}^{a_{end}} \dfrac{da}{a^2 \cdot \sqrt{\Omega_{m,0} \cdot a^{-3} + \Omega_{\Lambda,0}}}$
Hubble-Radius $r_H(a)$	$\dfrac{c}{H_0} \cdot \dfrac{1}{\sqrt{\Omega_{m,0} \cdot a^{-3} + \Omega_{\Lambda,0}}}$

Tabelle 4.1: Die Elemente des sichtbaren Universums in Abhängigkeit vom Skalenparameter

Größe	Relation
Weltlinie $W_{L(z_e)}(z)$	$\dfrac{c}{H_0} \cdot \dfrac{1}{1+z} \cdot \displaystyle\int_{z_0}^{z_e} \dfrac{dz}{\sqrt{\Omega_{m,0} \cdot (1+z)^3 + \Omega_{\Lambda,0}}}$
Lichtkegel $L_{C(z_0)}(z)$	$\dfrac{c}{H_0} \cdot \dfrac{1}{1+z} \cdot \displaystyle\int_{z_0}^{z} \dfrac{dz}{\sqrt{\Omega_{m,0} \cdot (1+z)^3 + \Omega_{\Lambda,0}}}$
Partikelhorizont $d_{ph}(z)$	$\dfrac{c}{H_0} \cdot \dfrac{1}{1+z} \cdot \displaystyle\int_{z}^{\infty} \dfrac{dz}{\sqrt{\Omega_{m,0} \cdot (1+z)^3 + \Omega_{\Lambda,0}}}$
Ereignishorizont $d_{eh}(z)$	$\dfrac{c}{H_0} \cdot \dfrac{1}{1+z} \cdot \displaystyle\int_{z_{end}}^{z} \dfrac{dz}{\sqrt{\Omega_{m,0} \cdot (1+z)^3 + \Omega_{\Lambda,0}}}$
Hubble-Radius $r_H(z)$	$\dfrac{c}{H_0} \cdot \dfrac{1}{\sqrt{\Omega_{m,0} \cdot (1+z)^3 + \Omega_{\Lambda,0}}}$

Tabelle 4.2: Die Elemente des sichtbaren Universums in Abhängigkeit von der Rotverschiebung

In den folgenden Abschnitten beschäftigen wir uns mit dem Verhalten der Größen untereinander und nähern uns so mehr und mehr dem Verständnis vom sichtbaren Universum.

5 Zusammenspiel der Elemente

Um die Elemente des sichtbaren Universums und die Beziehungen zwischen ihnen anschaulich darstellen zu können, benutzt man gewöhnlich zweidimensionale Raumzeit-Diagramme. Dabei wird auf einer Achse die kosmische Zeit, auf der anderen der auf eine Raumdimension reduzierte Raum dargestellt. Das hört sich kompliziert an, ist es aber nicht. Üblicherweise werden in einem Raumzeitdiagramm die horizontale Achse als Raumachse und die vertikale Achse als Zeitachse verwendet. Wir brechen mit dieser Konvention und machen es genau umgekehrt, dadurch motiviert, dass in den Relationen, mit denen wir arbeiten, die Zeit bzw. der Skalenwert und die Rotverschiebung als unabhängige Variablen und Entfernungen im Raum als abhängige Variablen vorkommen. Wir folgen also nur der mathematischen Konvention, wenn wir die Zeit, den Skalenwert und die Rotverschiebung als unabhängige Variablen auf der horizontalen und den Raum als abhängige Variable auf der vertikalen Achse darstellen. Als Einheit der kosmischen Zeit wählen wir Milliarden Jahre (MrdJ) und als Distanzeinheit Milliarden Lichtjahre (MrdLj).

Die im Folgenden dargestellten Abbildungen basieren ausnahmslos auf dem Standardmodell der Kosmologie mit der Friedmann-Gleichung

5.1 $\quad H(a) = H_0 \cdot \sqrt{\Omega_{m,0} \cdot a^{-3} + \Omega_{\Lambda,0}}$

bzw.

5.2 $\quad H(z) = H_0 \cdot \sqrt{\Omega_{m,0} \cdot (1+z)^3 + \Omega_{\Lambda,0}}$

und den Parameterwerten

5.3 $\quad H_0 = 71 \left[\dfrac{km}{s \cdot Mpc} \right]$, $\Omega_{m,0} = 0{,}27$ und $\Omega_{\Lambda,0} = 0{,}73$.

Dabei ist H(a) bzw. H(z) die Hubble-Funktion, a der Skalenwert, z die Rotverschiebung und H_0, $\Omega_{m,0}$ und $\Omega_{\Lambda,0}$ die Konstanten, wie wir sie schon kennengelernt haben, H_0 die Hubble-Konstante der gegenwärtigen Epoche, $\Omega_{m,0}$ der gegenwärtige Dichteparameter der Materie (dunkle und sichtbare Materie) und $\Omega_{\Lambda,0}$ der gegenwärtige Dichteparameter der Dunklen Energie.

Hinweis:

Die kosmologischen Parameter H_0, $\Omega_{m,0}$ und $\Omega_{\Lambda,0}$ werden auch heute noch durch Beobachtungen, vorrangig im Rahmen von Satellitenexperimenten, immer wieder neu vermessen und gegebenenfalls korrigiert. Die hier verwendeten Werte entsprechen den sogenannten WMAP+7-Werten. WMAP steht dabei für Wilkinson Microwave Anisotropy Probe und ist ein im Jahre 2003 gestartetes Satellitenexperiment. Das Experiment lieferte Messdaten während seiner gesamten Laufzeit. Diese heißen dann zum Beispiel WMAP+7 für im Jahre 7 des Experiments gelieferte Daten.

Sämtliche im Folgenden berechneten Integrale wurden mit dem Programm von WolframAlpha ermittelt[5], wobei als Integrationsvariable entweder der Skalenwert a oder die Rotverschiebung z verwendet wurden. Die Umrechnung der ausgewiesenen kosmischen Epochen in die Skalenwerte erfolgte mit der unter 3.6 angegebenen Skalenfunktion des Referenzmodells.

5.1 Weltlinie und Vergangenheitslichtkegel

Wir beschäftigen uns in diesem Abschnitt mit dem Zusammenspiel der Weltlinie einer Galaxie und dem Vergangenheitslichtkegel einer Epoche. Wir stellen zunächst Weltlinien von Galaxien unterschiedlicher Rotverschiebung dar. Siehe dazu Abbildung 5.1

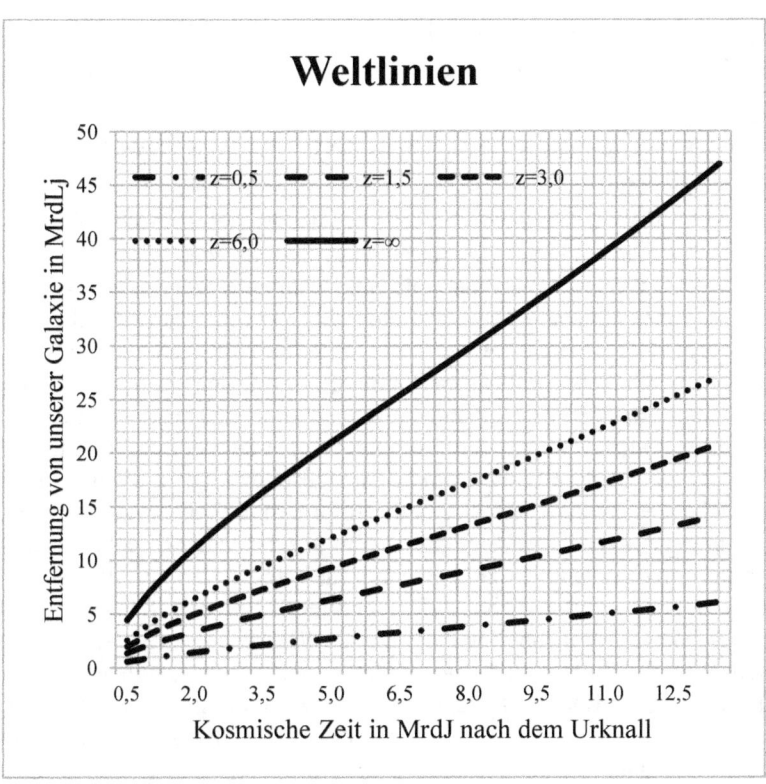

Abbildung 5.1: Weltlinien unterschiedlich rotverschobener Galaxien

Die Abbildung zeigt, dass sich die Galaxien bei ihrem Weg durch die Raumzeit voneinander entfernen. Mit ein wenig Fantasie laufen die Linien tulpenblütenartig auseinander. Dies ist eine Folge der vor ca. 7 MrdJ in Gang gesetzten beschleunigten Expansion des Raumes[1]. Zwischen zwei Galaxien gibt es, bis auf den Urknall, kein gemeinsames Raumzeitereignis. Die Galaxie mit der Rotverschiebung $z=\infty$ ist die Galaxie, deren Emissionsepoche der kosmischen Zeit null entspricht.

Unabhängig davon, dass im Urknall noch keine Galaxie existiert haben kann, handelt es sich dabei um eine theoretische Grenze. Von weiter zurück in der Zeit und weiter draußen im Raum können wir augenscheinlich keine Signale erwarten. Das werden wir im Folgenden aber noch genauer erörtern.

Wir widmen uns nun dem Zusammenspiel der Weltlinien mit dem Vergangenheitslichtkegel einer Epoche. Ohne Beschränkung der Allgemeinheit gehen wir dabei zunächst von der gegenwärtigen Epoche t_0 aus. Der Vergangenheitslichtkegel, das hatten wir schon erwähnt, wird auch als Weltlinie des Lichts bezeichnet. Die Bezeichnung Kegel bezieht sich auf den dreidimensionalen Raum. Obgleich wir, wie vereinbart, räumlich eindimensional arbeiten, sprechen wir weiterhin vom Lichtkegel. Der Vergangenheitslichtkegel beschreibt den Raumbereich, aus dem wir Informationen aus der Vergangenheit erhalten können. Man kann auch sagen, dass es sich dabei um den Raumbereich handelt, der uns kausal mit der Vergangenheit verbindet. Da die Lichtgeschwindigkeit die maximal mögliche Geschwindigkeit ist, mit der Information fließen kann, ist dieser Raumbereich trivialerweise begrenzt. Um uns das klar zu machen, stellen wir uns einen Augenblick lang ein statisches Universum vor, dass von einem Schöpfer vor endlicher Zeit erschaffen wurde. Den Schöpfungsakt nennen wir der Einfachheit halber Urknall. Wir sehen uns an, auf welchem Weg das Licht dieses Urknalls uns erreicht. Dazu benutzen wir, wie auch anders, ein Raumzeitdiagramm. Siehe Abbildung 5.2. Die Weltlinien der Galaxien sind nun Parallelen zur Zeitachse. Da die kosmische Zeit in Milliarden Jahre und die Distanz in Milliarden Lichtjahre eingeteilt ist, folgt ein Lichtsignal einer $45°$-Linie. Die Weltlinie des Lichts ist also in diesem Falle eine gerade Linie. In der expandierenden Raumzeit nimmt die Weltlinie des Lichts eine etwas eigentümliche Form an. Sie ähnelt mit ein wenig Fantasie der Form eines geteilten bzw. halben Wassertropfens. Siehe dazu weiter unten.

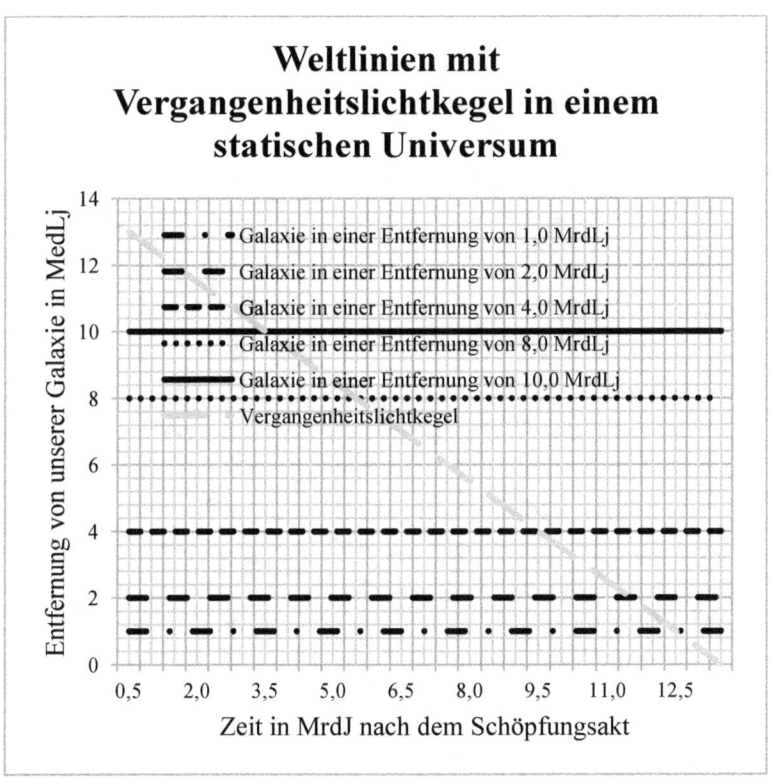

Abbildung 5.2: Weltlinien und Vergangenheitslichtkegel in einem statischen Universum

In der Abbildung 5.3 stellen wir nun den Vergangenheitslichtkegel der gegenwärtigen Epoche zusammen mit den Weltlinien aus Abbildung 5.1 dar.

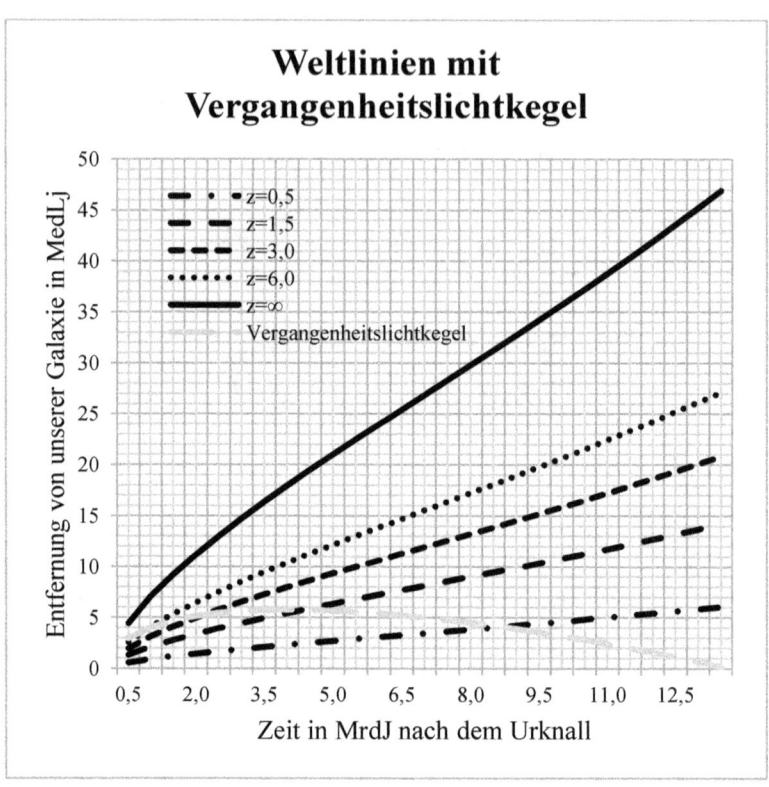

Abbildung 5.3: Weltlinien unterschiedlich rotverschobener Galaxien im Zusammenspiel mit dem Vergangenheitslichtkegel der gegenwärtigen Epoche

Wir beschäftigen uns mit zwei Aspekten dieser Abbildung. Wir erklären als Erstes das Zustandekommen der „Tropfenform" des Lichtkegels und deuten anschließend die Schnittpunkte der Weltlinien mit dem Vergangenheitslichtkegel als Emissionsereignisse, die wir heute beobachten können.

Wir machen uns ein Bild:

Ein Lichtsignal werde am Anfang der Zeit, als alle Objekte noch sehr dicht zusammen waren, in unsere Richtung emittiert. Dass wir, unsere

Galaxie, unser Sonnensystem und unsere Erde damals noch nicht existiert haben, soll uns nicht weiter stören. Das Lichtsignal besitzt relativ zum Hubble-Strom die konstante Geschwindigkeit -c. Das Minuszeichen steht dabei für die Annahme, dass das Signal in unsere Richtung geschickt wird, während der „Hubble-Strom" von uns wegtreibt. Die Photonen des Signals werden vom Hubble-Strom quasi „mitgerissen". Wenn nun die Geschwindigkeit des Hubble-Stroms, der sich von uns wegbewegt, größer ist als die des Lichts – und das war so am Beginn von Raum und Zeit –, entfernen sich die Photonen von uns. Wenn die Photonen auf ihrer Reise in Raumbereiche gelangen, die sich weniger schnell als mit Lichtgeschwindigkeit von uns entfernen, kommen diese auf uns zu, bis sie uns schließlich erreichen und uns das Bild, das sie mit sich führen, übermitteln. Ingesamt entsteht dadurch die Tropfenform des Lichtkegels. Insbesondere verfügt die Funktion des Lichtkegels über ein lokales Maximum. Wir kommen darauf zurück.

Aus den zeitabhängigen Relationen von Weltlinie und Vergangenheitslichtkegel sieht man sofort, dass es genau einen Schnittpunkt der Funktionen gibt, also genau ein gemeinsames Raumzeitereignis. Verlangt man nämlich für einen Beobachter bei t_0

$$W_{L(t_e)}(t) = c \cdot a(t) \cdot \int_{t_e}^{t_0} \frac{dt}{a(t)} = c \cdot a(t) \cdot \int_{t}^{t_0} \frac{dt}{a(t)} = L_{C(t_0)}(t)$$

mit $t > 0$, so ist

5.4 $(t_e; W_{L(t_e)}(t_e)) = (t_e; L_{C(t_0)}(t_e))$.

Der Beobachter bei t_0 sieht also von einer Galaxie genau einen Zustand, nämlich ihren Zustand zum Zeitpunkt ihrer Lichtemission t_e. Er ist damit nicht einmal in der Lage zu entscheiden, ob die Galaxie zum Zeitpunkt der Detektion des Lichtsignals überhaupt noch existiert. Unsere Sicht auf das Universum ist die Sicht eines „wormlike observers"[1,3].

Der Beobachter einer späteren Epoche sieht einen späteren Lebenszeitabschnitt der Galaxie als der gegenwärtige Beobachter. Wir machen uns das deutlich, indem wir einen zweiten Lichtkegel einer in der Zukunft liegenden Epoche heranziehen. Wir wählen als zukünftige Epoche beispielhaft 20 MrdJ nach dem Urknall. In der Abbildung 5.4 stellen wir beide Lichtkegel, den der gegenwärtigen Epoche und den der Epoche 20 MrdJ nach dem Urknall zusammen mit den bisher betrachteten Weltlinien dar. Wir sehen, dass sich beispielsweise die um $z = 1,5$ rotverschobene Galaxie dem gegenwärtigen Beobachter in ihrem Zustand ca. 4,5 MrdJ nach dem Urknall und dem Beobachter der zukünftigen Epoche in ihrem Zustand ca. 6,5 MrdJ nach dem Urknall präsentiert. Schon an dieser Stelle stellt sich die Frage, ob sämtliche Lebenszeitabschnitte einer Galaxie grundsätzlich beobachtbar sind. Grundsätzlich in dem Sinne, dass Beobachter zukünftiger Epochen einen bestimmten Lebenszeitabschnitt der Galaxie beobachten können, sodass insgesamt die komplette „Lebenslinie" der Galaxie beobachtbar ist. Wenn das Bild, das wir uns mit dem Referenzmodell von unserem Universum machen, richtig ist und der Raum sich zunehmend schneller ausdehnt, sollte die Antwort darauf eigentlich „nein" lauten. Wir werden uns mit dieser Frage genauer erst im Zusammenhang mit der Behandlung des Ereignishorizonts beschäftigen können.

Zunächst widmen wir uns einer weiteren Frage, die unmittelbar im Zusammenhang mit der Beobachtung steht. Das ist die Frage nach der Entfernung der beobachteten Galaxie. Wir wissen bereits, dass wir die Galaxie in einem vergangenen Zustand sehen. Da sich der Raum zwischen unserer eigenen und der beobachteten Galaxie ausdehnt, muss die Distanz der beobachteten Galaxie zum Zeitpunkt ihrer Lichtemission kleiner gewesen sein als sie es heute, bei Detektion des Lichtsignals, ist. Diese Erkenntnis ist trivial und die beiden Abbildungen 5.3 und 5.4 zeigen dies auch.

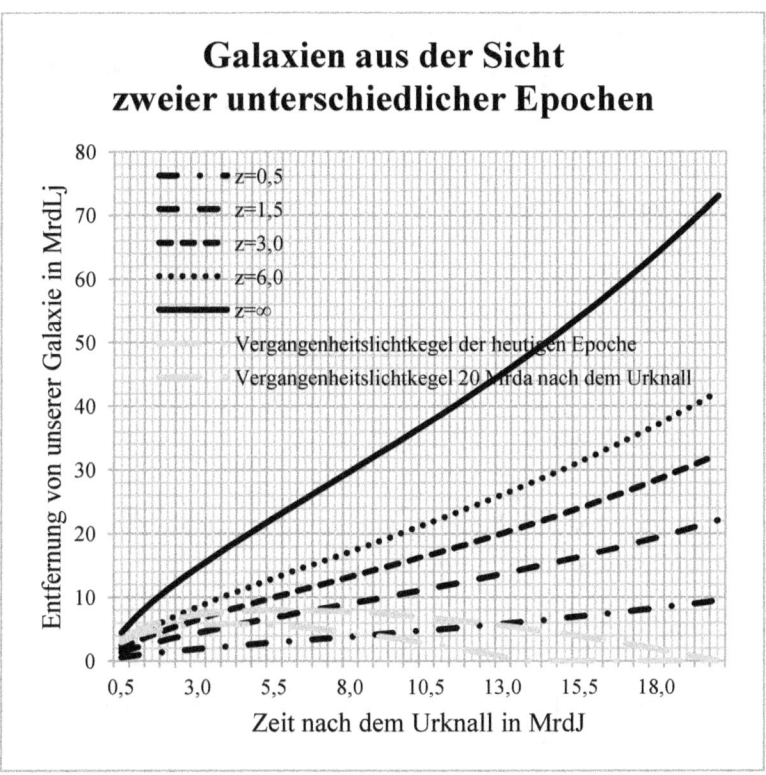

Abbildung 5.4: Galaxien aus der Sicht zweier verschiedener Beobachtungsepochen

Die Entfernung der beobachteten Galaxie von unserer Galaxie zum Zeitpunkt der Lichtemission nennen wir Emissionsdistanz d_e. Mit t als Emissionsepoche und t_0 als Detektionsepoche (Detektionsepoche = gegenwärtige Epoche) gilt

5.5 $\quad d_e(t) = c \cdot a(t) \cdot \int_t^{t_0} \frac{dt}{a(t)}$.

Die Distanz bei der Detektion des Signals, also in unserem Fall bei t_0, nennen wir „reception distance", auch Empfangsdistanz oder Detektionsdistanz d_d. Wieder mit t als Emissionsepoche gilt dann

$$d_d(t) = c \cdot a(t_0) \cdot \int_t^{t_0} \frac{dt}{a(t)} = c \cdot \int_t^{t_0} \frac{dt}{a(t)},$$

also

5.6 $\quad d_d(t) = c \cdot \int_t^{t_0} \frac{dt}{a(t)}.$

Zwischen der Emissionsdistanz $d_e(t)$ und der Detektionsdistanz $d_d(t)$ gilt somit die Beziehung

5.7 $\quad d_e(t) = a(t) \cdot d_d(t).$

Wir kommen noch einmal zurück auf den Vergangenheitslichtkegel unserer Epoche. Er folgt der Relation

5.8 $\quad L_{C(t_0)}(t) = c \cdot a(t) \cdot \int_t^{t_0} \frac{dt}{a(t)}.$

Im Urknall, das heißt, bei $t = 0$ und in der gegenwärtigen Epoche $t = t_0$ besitzt er den Wert null. Da die Skalenfunktion differenzierbar ist[1], besitzt der Lichtkegel notwendigerweise ein lokales Maximum. Dieses findet man durch Ableiten und Nullsetzen der Lichtkegelfunktion. Es ist

$$\frac{dL_{C(t_0)}(t)}{dt} = c \cdot a'(t) \cdot \int_t^{t_0} \frac{dt}{a(t)} - c = 0$$

und damit

5.9 $\quad a'(t) \cdot \int_{t}^{t_0} \frac{dt}{a(t)} = 1$.

Wir bezeichnen die Lösung mit t_E. Dann ist also

5.10 $\quad W'_{L(t_E)}(t_E) = c \cdot a'(t_E) \cdot \int_{t_E}^{t_0} \frac{dt}{a(t)} = c$.

Die Galaxie, die bei t_E, also im Maximumpunkt der Lichtkegelfunktion, Photonen emittierte, die wir heute detektieren, hatte also bei t_E eine Fluchtgeschwindigkeit von c. Sie lag damit auf dem Hubble-Radius dieser Epoche, befand sich also in einer Distanz von $r_H(t_E)$ von uns. Das Raumzeitereignis $(t_E; r_H(t_E))$ ist damit das Raumzeitereignis, das unter den Ereignissen, die wir heute beobachten können, im Zuge der Entwicklung des Universums am weitesten von uns entfernt war. Die Rotverschiebung dieses Ereignisses liegt bei ca. $z \approx 1{,}65$.

5.2 Der Partikelhorizont

Wir gehen in diesem Abschnitt auf die Bedeutung des Partikelhorizonts ein und stellen die Beziehung zum Vergangenheitslichtkegel und zu den Weltlinien der Galaxien her.

Die Funktion des Partikelhorizonts

5.11 $\quad d_{ph}(t) = c \cdot a(t) \cdot \int_{0}^{t} \frac{dt}{a(t)}$

beschreibt formal (siehe 5.5) für jede kosmische Epoche t die Entfernung einer Galaxie, die im Urknall ein Lichtsignal emittiert, das ein Beobachter bei t detektiert. Dass im Urknall noch keine Galaxie existiert haben kann, um uns Lichtsignale zu senden, soll uns an dieser Stelle nicht weiter stören. Der Partikelhorizont einer kosmischen Epoche t ist somit die Entfernung, die Licht seit dem Urknall bis zur Epoche t zurückgelegt hat. Die Bezeichnung Partikelhorizont oder Teilchenhorizont soll aussagen, dass es sich dabei um die maximale Entfernung handelt, aus der Informationen einen Beobachter bei t noch erreichen können bzw. gerade noch eine kausale Wirkung auf einen Beobachter bei t, das heißt, auf das Raumzeitereignis (t; 0) ausüben kann. Im Falle $t = t_0$ ist dieses Ereignis das Raumzeitereignis $(t_0;0)$, also unsere Zeit und unsere Galaxie. Geeigneter scheint uns die Interpretation des Horizonts als maximale Entfernung, aus der uns Lichtsignale erreichen können. Deshalb halten wir auch die Bezeichnung Beobachtungshorizont für die geeignetere, obgleich sie sich nicht durchgesetzt hat. Wir bleiben also bei dem etablierten Sprachgebrauch Partikelhorizont. Der Partikelhorizont einer Epoche t bildet die Grenze der Sichtbarkeit in dieser Epoche t. Dieser Horizontbegriff ist vergleichbar mit dem Horizontbegriff, wie wir ihn kennen. Er bildet eine Grenze, über die hinaus wir nicht blicken können, unabhängig davon, ob es dort noch etwas zu entdecken gäbe oder nicht. Man kann deshalb auch sagen:

Definition

Das sichtbare Universum einer kosmischen Epoche t besteht aus allen Raumzeitereignissen innerhalb einer Kugel mit dem Radius $d_{ph}(t)$, in deren Mittelpunkt sich der Beobachter befindet.

Im zweidimensionalen Raumzeitdiagramm hat der Raum verabredungsgemäß eine Dimension. Das sichtbare Universum der Epoche t besteht deshalb in diesem Modell aus allen Objekten, die sich bei t nicht weiter als $d_{ph}(t)$ von der horizontalen Achse aufhalten. Wichtig ist, dass wir alle diese Objekte zwar beobachten können, wir sie aber zu unterschiedlichen Zeiten sehen, eben zum Zeitpunkt ihrer Lichtemission. Je weiter wir in den Raum hineinblicken, umso weiter blicken wir in die Vergangenheit. Die Weltlinie der Galaxie, die sich in der gegenwärtigen Epoche in Horizontentfernung befindet, ist quasi die Grenzlinie des sichtbaren Universums der gegenwärtigen Epoche. Sie hat mit dem Vergangenheitslichtkegel ausschließlich das Urknallereignis gemeinsam. Wir nennen diese Galaxie, die wir für jede kosmische Epoche definieren können, Horizontgalaxie und ihre Weltlinie Horizontlinie der jeweiligen Epoche. Beispielsweise gilt für die Weltlinie der Horizontgalaxie der gegenwärtigen Epoche t_0

$$5.12 \quad W_{L(d_{ph}(t_0))}(t) = c \cdot a(t) \cdot \int_0^{t_0} \frac{dt}{a(t)} .$$

Die Indizierung der Weltlinie mit $d_{ph}(t_0)$ bedeutet, dass die Galaxie bei t_0 auf dem Partikelhorizont liegt. In Abbildung 5.5 ergänzen wir Abbildung 5.3 um die Funktion des Partikelhorizonts. Wir wissen, dass das Universum ca. 13,7 MrdJ alt ist. Beim ersten Hinsehen könnte man erwarten, dass das Licht 13,7 MrdLj seit Beginn der Zeit zurückgelegt hat. Tatsächlich sind es aber ca. 47,6 MrdLj. Siehe dazu Abbildung 5.5. Das lässt sich damit erklären, dass die Lichtteilchen von dem allgemeinen Hubble-Strom mitgerissen werden. Wenn wir die Funktion des Partikelhorizonts ableiten, erhalten wir die totale Photonengeschwindigkeit, die sich aus der lokalen Lichtgeschwindigkeit und der Geschwindigkeit des Hubble-Stroms in Horizontdistanz ergibt. Es ist

$$5.13 \quad d'_{ph}(t) = c \cdot a'(t) \cdot \int_0^t \frac{dt}{a(t)} + c .$$

Der Partikelhorizont vergrößert sich demnach relativ zur Fluchtgeschwindigkeit der Horizontgalaxie $W_{L(d_{ph}(t))}(t)$ mit Lichtgeschwindigkeit.

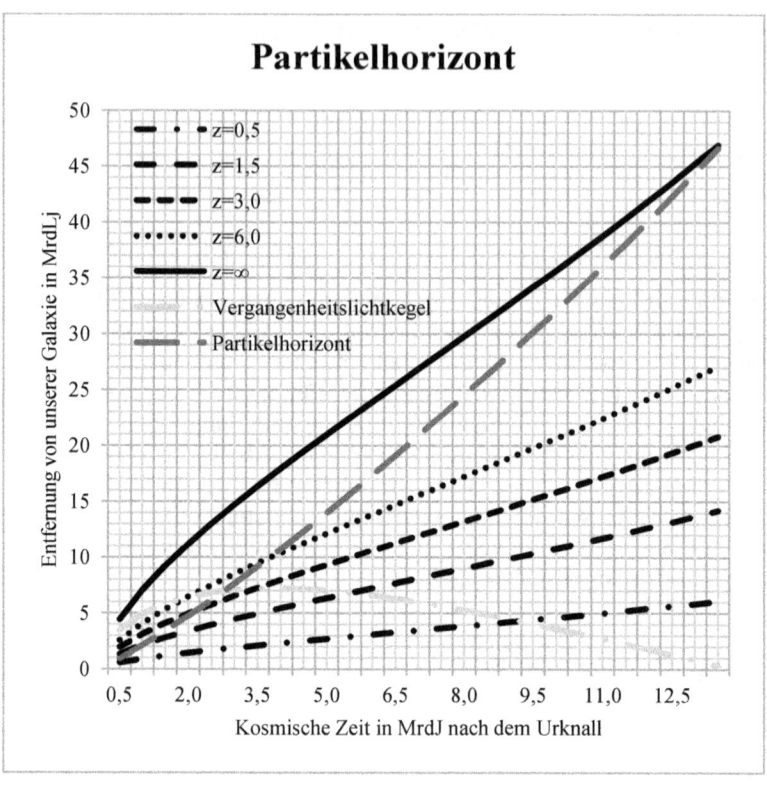

Abbildung 5.5: Partikelhorizont zusammen mit Weltlinien von Galaxien unterschiedlicher Rotverschiebung und dem Vergangenheitslichtkegel

Mit dem Hubble-Gesetz ist nämlich[1]

$$W'_{L(d_{ph}(t))}(t) = H(t) \cdot d_{ph}(t) = \frac{a'(t)}{a(t)} \cdot c \cdot a(t) \cdot \int_0^t \frac{dt}{a(t)} = c \cdot a'(t) \cdot \int_0^t \frac{dt}{a(t)}$$

und damit

5.14 $d'_{ph}(t) = W'_{L(d_{ph}(t))}(t) + c$.

5.3 Der Ereignishorizont

In dem vorliegenden Abschnitt beschäftigen wir uns mit dem Ereignishorizont und seiner Beziehung zu den bisher besprochenen Größen. Der Ereignishorizont hat in unserer Alltagswelt keine Entsprechung. Per definitionem gibt er für eine kosmische Epoche t die Entfernung an, aus der bei t emittierte Lichtemissionen den Beobachter nicht mehr erreichen können, das heißt, niemals mehr erreichen können, auch gegebenenfalls auf das Signal wartende Nachfahren des Beobachters nicht. Es ist (siehe 4.6)

$$5.15 \quad d_{eh}(t) = c \cdot a(t) \cdot \int_{t}^{\infty} \frac{dt}{a(t)}.$$

5.15 entspricht formal dem Vergangenheitslichtkegel eines Beobachters bei $t = \infty$. Wir weißen als Erstes nach, dass 5.15 im Referenzmodell für alle $t \in [0, \infty)$ definiert ist. Wir bedienen uns dazu der zu 5.15 äquivalenten, von der Rotverschiebung z abhängigen, Relation (siehe Tabelle 4.2). Danach ist

$$5.16 \quad d_{eh}(z) = \frac{c}{H_0} \cdot \frac{1}{1+z} \cdot \int_{-1}^{z} \frac{dz}{\sqrt{\Omega_{m,0} \cdot (1+z)^3 + \Omega_{\Lambda,0}}}.$$

Der zu $t \in [0, \infty)$ äquivalente Wertebereich von z ist $\{z | z \in [-1; \infty)\}$. Wir zeigen also, dass die Relation 5.16 für alle $z \in [-1, \infty)$ einen endlichen Wert besitzt und damit existiert. In der Abbildung 5.6 stellen wir den Verlauf des Integranden für $z \in [-1, \infty)$ dar.

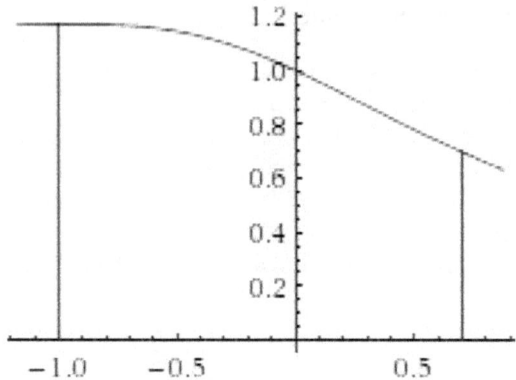

Abbildung 5.6: Funktion des Integranden für die Berechnung des Ereignishorizonts gemäß 5.16

Wie man leicht sieht, gilt für alle $z \in (-1, \infty)$

$$\int_{-1}^{z} \frac{dz}{\sqrt{\Omega_{m,0} \cdot (1+z)^3 + \Omega_{\Lambda,0}}} < (1+z) \cdot \frac{1}{\sqrt{\Omega_{\Lambda,0}}}$$

und damit

$$d_{eh}(z) = \frac{c}{H_0} \cdot \frac{1}{1+z} \cdot \int_{-1}^{z} \frac{dz}{\sqrt{\Omega_{m,0} \cdot (1+z)^3 + \Omega_{\Lambda,0}}} < \frac{c}{H_0} \cdot \frac{1}{\sqrt{\Omega_{\Lambda,0}}}$$

und schließlich für alle $z \in [-1, \infty)$

5.17 $d_{eh}(z) < \dfrac{c}{H_0} \cdot \dfrac{1}{\sqrt{\Omega_{\Lambda,0}}}$.

Damit besitzt der Ereignishorizont eine endliche obere Schranke in der Größenordnung von ca. 1,17 Hubble-Radien. In der Abbildung 5.7 zeigen wir den Verlauf der Funktion des Ereignishorizonts bis zur gegenwärtigen

Epoche t_0. Der besseren Übersicht wegen lassen wir in dieser Abbildung den Partikelhorizont weg. Im Übrigen enthält die Abbildung alle Objekte der Abbildung 5.5. Wir sehen uns beispielsweise die Weltlinie der um $z = 3{,}0$ rotverschobenen Galaxie an. Sie schneidet die Funktion des Ereignishorizonts bei ca. 9 MrdJ nach dem Urknall. Per definitionem werden keine Lichtemissionen und trivialerweise auch sonst keine Emissionen, die in dieser Epoche emittiert wurden, unsere Position jemals erreichen können. Nicht nur, weil unsere Spezies dann mit Sicherheit nicht mehr existieren wird und deshalb auch keine Galaxien mehr beobachten kann, sondern weil uns Lichtsignale in Folge der beschleunigten Expansion nicht mehr erreichen können, systembedingt nicht mehr erreichen können. Ich finde sie außerordentlich aufregend diese Feststellung. Sie relativiert nebenbei bemerkt die Erfolgsaussichten, über den eigenen Horizont hinausschauen zu wollen, um dort Neues zu entdecken. Dieses Unterfangen ist definitiv zum Scheitern verurteilt. Niemand ist in der Lage, über den eigenen Horizont hinaus zu blicken.

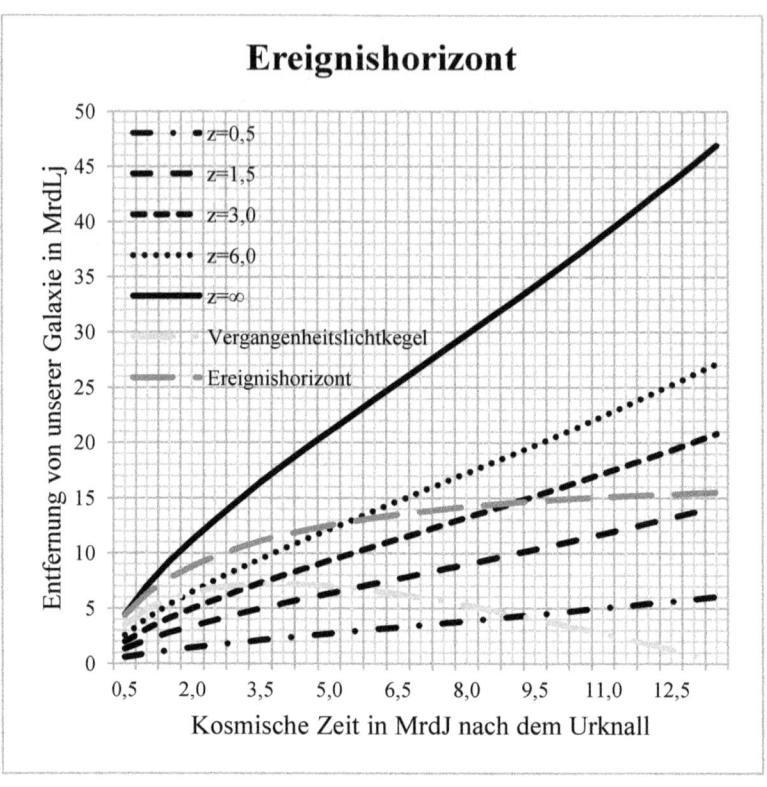

Abbildung 5.7: Ereignishorizont zusammen mit Weltlinien von Galaxien unterschiedlicher Rotverschiebung und dem Vergangenheitslichtkegel

Wir analysieren die Situation am Beispiel der um z = 3,0 rotverschobenen Galaxie genauer. Der besseren Übersicht wegen stellen wir in der Abbildung 5.8. ausschließlich die Weltlinie dieser Galaxie zusammen mit dem Lichtkegel der gegenwärtigen Epoche und dem Ereignishorizont dar.

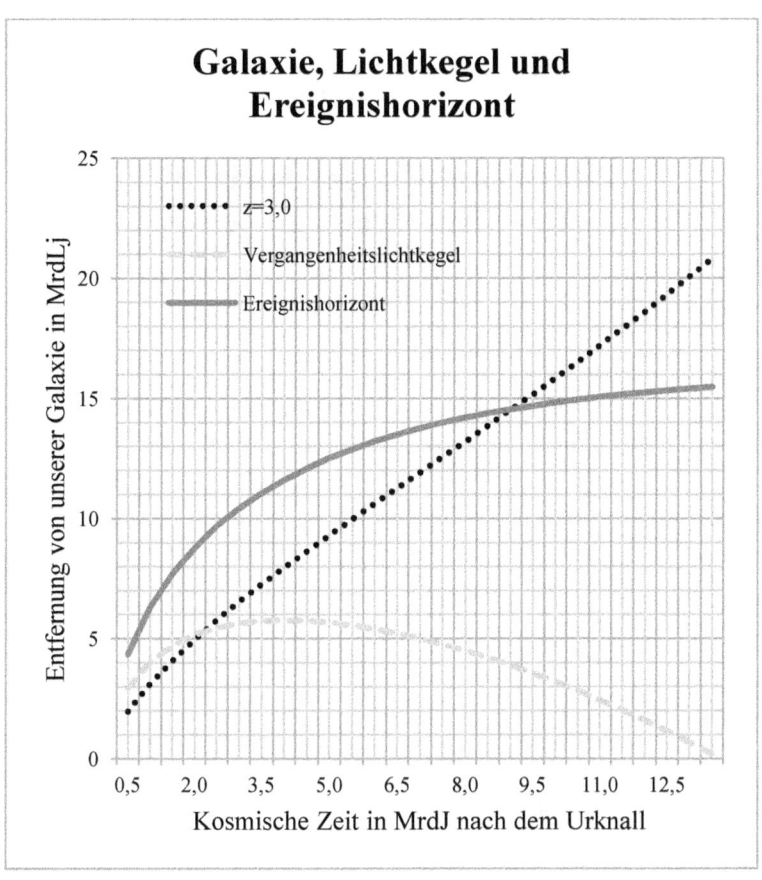

Abbildung 5.8: Galaxie mit dem Lichtkegel der gegenwärtigen Epoche und dem Ereignishorizont

Wir betrachten die Schnittpunkte der Weltlinie mit dem Vergangenheitslichtkegel und dem Ereignishorizont. Der erste liegt bei ca. $t_e \approx 2{,}0$, der zweite bei ca. $\bar{t}_e \approx 9{,}0$ MrdJ nach dem Urknall. Die Emissionsepoche der beobachteten Galaxie ist also die Epoche 2,0 MrdJ nach dem Urknall. Einem Beobachter der gegenwärtigen Epoche präsentiert sich die Galaxie also so, wie sie vor nicht ganz 12 MrdJ ausgesehen hat. Wir versetzen uns in eine zukünftige Epoche, zum Beispiel in die Epoche 20 MrdJ nach dem Urknall und ergänzen die Abbildung 5.8 um den Vergangenheitslichtkegel 20 MrdJ nach dem Urknall. Siehe Abbildung 5.9.

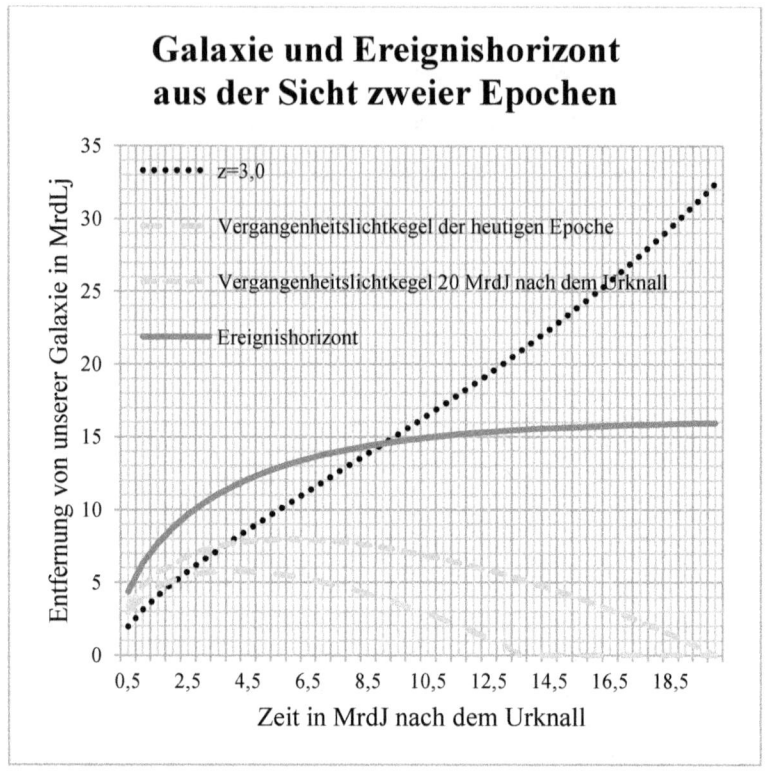

Abbildung 5.9: Galaxie und Ereignishorizont aus der Sicht zweier kosmischer Epochen

Die Emissionsepoche liegt nun bei ca. 4,0 MrdJ nach dem Urknall. Die Galaxie präsentiert sich dem zukünftigen Beobachter ca. doppelt so alt wie dem gegenwärtigen Beobachter. Wir stellen uns erneut die Frage, ob die Galaxie über ihre gesamte Lebenszeit grundsätzlich beobachtbar ist. Wobei wir „grundsätzlich" so definieren, dass es für jedes Raumzeitereignis ihrer Weltlinie eine Epoche und einen Beobachter gibt, der dieses

Raumzeitereignis beobachten kann. Wir wissen, dass diese Forderung sehr theoretisch ist. Aber immerhin, die Frage stellt sich und sie kann im Rahmen des Modells, das wir uns vom Universum machen, beantwortet werden. An früherer Stelle hatten wir schon vermutet, dass die Antwort in Folge der Beschleunigung der Raumexpansion eigentlich nur „nein" heißen kann. Dass diese Vermutung richtig ist, erkennen wir ebenfalls an der Abbildung 5.9. Sie zeigt, dass Photonen, die von der Galaxie bei ca. 9 MrdJ nach dem Urknall emittiert werden, uns, das heißt, unsere Galaxie per definitionem niemals erreichen können. Es sind also die letzten Photonen, die wir von dieser Galaxie jemals zu Gesicht bekommen. Photonen, die vor dieser Epoche emittiert werden, erreichen unserer Galaxie irgendwann in einer zukünftigen Epoche. Diese Epoche bezeichnen wir mit $\bar{t}$ und den Schnittpunkt der Weltlinie mit dem Ereignishorizont mit t_{eh}. Für jede Epoche $t \in [t_e; t_{eh})$ existiert also eine Epoche $\bar{t} \in [t_0; \infty)$, sodass

5.18 $\quad W_{L(t_e)}(t) = c \cdot a(t) \cdot \int_{t_e}^{t_0} \frac{dt}{a(t)} = c \cdot a(t) \cdot \int_{t}^{\bar{t}} \frac{dt}{a(t)} = L_{C(\bar{t})}(t)$

gilt, die Weltlinie also mit dem Vergangenheitslichtkegel einer zukünftigen Epoche ein gemeinsames Raumzeitereignis teilt und somit in dieser zukünftigen Epoche beobachtet werden kann.

5.4 Die Hubble-Radius-Funktion

Der Hubble-Radius r_{H_0} beschreibt eine Sphäre (Kugel) um unsere Position in der Raumzeit. Jenseits dieser Sphäre entfernen sich Galaxien mit Überlichtgeschwindigkeit, wir sagen superluminar, diesseits subluminar, also langsamer als das Licht und auf dem Rand der Sphäre transluminar, mit Lichtgeschwindigkeit also. Aus dem Hubble-Gesetz folgt

5.19 $\quad r_{H_0} = \dfrac{c}{H_0}$.

Überträgt man diese Definition auf jede beliebige Raumzeitposition, so erhält man

5.20 $\quad r_H(t) = \dfrac{c}{H(t)}$.

Häufig, dafür aber dadurch nicht weniger unrichtig, wird der Hubble-Radius als Grenze der Sichtbarkeit des Universums bezeichnet. Die Motivation für diese letztlich unrichtige Behauptung liegt auf der Hand. Eine Galaxie auf dem Rand der Hubble-Sphäre entfernt sich mit Lichtgeschwindigkeit von uns. Das von ihr emittierte Licht kann uns deshalb nicht erreichen, so die Argumentation. Wir werden uns die Situation genauer ansehen und zeigen, dass sich Galaxien, die sich jenseits der Hubble-Sphäre befinden, im Sinne unserer Definition Teil des sichtbaren Universums sein können.

Wir zeigen zunächst, dass in jeder kosmischen Epoche t der Hubble-Radius innerhalb des Partikelhorizonts liegt und

5.21 $\quad r_H(t) < d_{ph}(t) \text{ für alle } t \in [0,\infty)$

gilt. Dies kann man sich anhand der Abbildung 5.10 leicht klar machen. Dabei benutzen wir die vom Skalenparameter abhängigen Relationen aus Tabelle 4.1. Der zu $t \in [0,\infty)$ äquivalente Wertebereich des Skalenparameters a liegt bei $a \in [0,\infty)$. Wir zeigen also

5.22 $\quad r_H(a) < d_{ph}(a) \text{ für alle } a \in [0,\infty)$.

Nach der Skizze gilt für alle $a \in (0,\infty)$

$$a \cdot \dfrac{1}{a^2 \cdot \sqrt{\Omega_{m,0} \cdot a^{-3} + \Omega_{\Lambda,0}}} < \int_0^a \dfrac{da}{a^2 \cdot \sqrt{\Omega_{m,0} \cdot a^{-3} + \Omega_{\Lambda,0}}}.$$

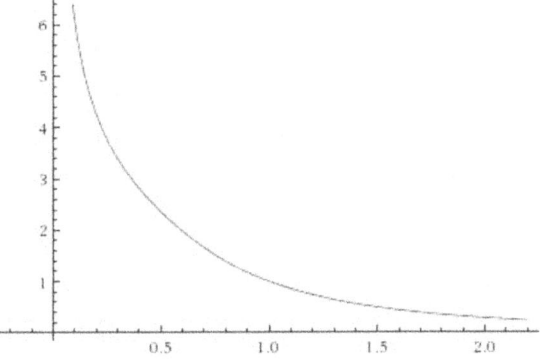

Abbildung 5.10: Integrand für die Berechnung des Partikelhorizonts gemäß Tabelle 4.1

und dann

$$\frac{1}{\sqrt{\Omega_{m,0} \cdot a^{-3} + \Omega_{\Lambda,0}}} < a \cdot \int_0^a \frac{da}{a^2 \cdot \sqrt{\Omega_{m,0} \cdot a^{-3} + \Omega_{\Lambda,0}}}$$

und schließlich

5.23 $\quad r_H(a) = \frac{1}{H(a)} < d_{ph}(a)$.

Der Partikelhorizont d_{ph} ist also in jeder kosmischen Epoche $t \neq 0$ (bzw. $a \neq 0$) größer als der Hubble-Radius r_H. Das heißt aber auch, dass wir über den Hubble-Radius hinaus sehen können. Wenn wir sagen, wir können eine Galaxie jenseits der Hubble-Sphäre beobachten, dann bedeutet das, wie stets, wenn wir Galaxien beobachten: Wir sehen die Galaxie im Zustand ihrer Emissionsepoche. Ihr Emissionsabstand liegt jenseits des Hubble-Radius dieser Epoche. Wir machen uns das noch einmal anhand der Abbildung 5.11 deutlich. Diese zeigt die Hubble-Radius-Funktion, den Verlauf des Partikelhorizonts, den Vergangenheitslichtkegel aus Sicht der gegenwärtigen Epoche und die Weltlinien dreier Galaxien, die um 1,5, 3,0 und 6,0 rotverschoben sind.

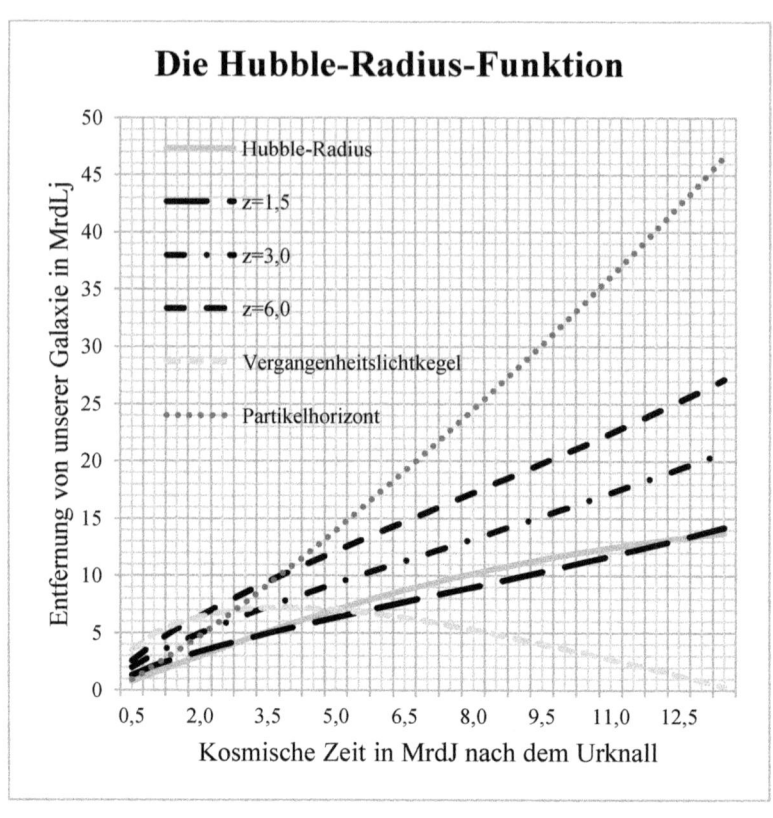

Abbildung 5.11: Hubble-Radius-Funktion mit Partikelhorizont, Lichtkegel und Weltlinien

Die Weltlinien der um 3,0 und 6,0 rotverschobenen Galaxien verlaufen komplett jenseits der Hubble-Radius-Funktion. Die Weltlinie der um 1,5 rotverschobenen Galaxie dagegen schneidet die Hubble-Radius-Funktion gleich zweimal. Außerdem scheint die Hubble-Radius-Funktion mit der kosmischen Zeit einem Grenzwert zuzustreben. Beides ist eine Folge der beschleunigten Expansion und hat mit der bisher geführten Diskussion über die Sichtbarkeit des Universums wenig zu tun. Der Grenzwert lässt sich unmittelbar aus der vom Skalenparameter abhängigen Relation ableiten. Es ist nämlich

5.24 $\lim_{a \to \infty} r_H(a) = \lim_{a \to \infty} \dfrac{c}{H_0} \cdot \dfrac{1}{\sqrt{\Omega_{m,0} \cdot a^{-3} + \Omega_{\Lambda,0}}} = \dfrac{c}{H_0} \cdot \dfrac{1}{\sqrt{\Omega_{\Lambda,0}}}.$

Mit $\Omega_{\Lambda,0} = 0{,}73$ liegt der Grenzwert bei ca. 1,17 Hubble-Radien. Wir zeigen nun noch, dass der Hubble-Radius in jeder kosmischen Epoche diesseits des Ereignishorizontes liegt. Daraus folgt, dass es (theoretisch) stets, also ausgehend von einer beliebigen Epoche t_B, eine zukünftige Epoche $t_{B'}$ gibt, in der bei t_B von einer jenseits des Hubble-Radius liegenden Galaxie emittierte Photonen detektiert werden können. Zum Nachweis dieser Behauptung benutzen wir die von der Rotverschiebung abhängigen Relationen (siehe Tabelle 4.2) und rechnen in Einheiten des Hubble-Radius. Es ist

5.25 $r_H(z) = \dfrac{1}{H(z)} = \dfrac{1}{\sqrt{\Omega_{m,0} \cdot (1+z)^3 + \Omega_{\Lambda,0}}}$

und

5.26 $d_{eh}(z) = \dfrac{1}{1+z} \cdot \displaystyle\int_{-1}^{z} \dfrac{dz}{\sqrt{\Omega_{m,0} \cdot (1+z)^3 + \Omega_{\Lambda,0}}}.$

Wir verwenden erneut die Skizze 5.6 (siehe Abbildung 5.12). Wie man leicht sieht, ist für alle $z \in (-1, \infty)$

$(1+z) \cdot \dfrac{1}{\sqrt{\Omega_{m,0} \cdot (1+z)^3 + \Omega_{\Lambda,0}}} < \displaystyle\int_{-1}^{z} \dfrac{dz}{\sqrt{\Omega_{m,0} \cdot (1+z)^3 + \Omega_{\Lambda,0}}}$

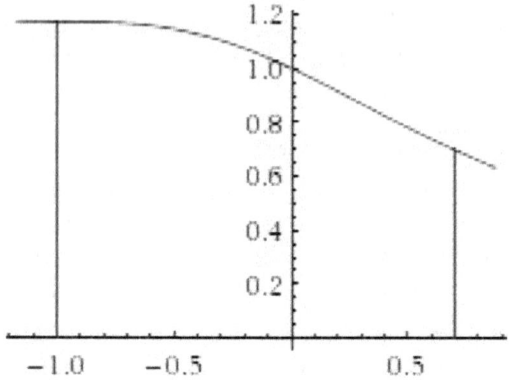

Abbildung 5.12: Integrand für die Berechnung des Ereignishorizonts gemäß 5.26

und damit

5.27 $\quad r_H(z) < d_{eh}(z)$ für alle $z \in (-1, \infty)$.

Daraus folgt die Behauptung. In jeder kosmischen Epoche lässt sich also eine Galaxie wählen, deren Distanz von uns zwischen dem Hubble-Radius und dem Ereignishorizont dieser Epoche liegt. Von dieser Galaxie in der jeweiligen Epoche emittierte Photonen können von einem zukünftigen Beobachter detektiert werden.

Wir zeigen nun noch, dass Hubble-Radius und Ereignishorizont am Ende der Zeit ($t = \infty$) zusammenfallen.

Nach oben hatten wir den Ereignishorizont schon abgeschätzt. Nach 5.17 ist für alle $z \in (-1, \infty)$

5.28 $\quad d_{eh}(z) < \dfrac{c}{H_0} \cdot \dfrac{1}{\sqrt{\Omega_{\Lambda,0}}}$

und zusammen mit 5.27

5.29 $\quad \dfrac{1}{\sqrt{\Omega_{\Lambda,0}}} = \lim_{z \to -1} r_H(z) \leq \lim_{z \to -1} d_{eh}(z) \leq \dfrac{1}{\sqrt{\Omega_{\Lambda,0}}}$.

Zusammengefasst ist der Hubble-Radius in einem Universum, das der Friedmann-Gleichung folgt und über eine positive kosmologische Konstante verfügt, in allen kosmischen Epochen kleiner als der Ereignishorizont. Mit zunehmender kosmischer Zeit nähern sich beide Größen dem Grenzwert $\dfrac{1}{\sqrt{\Omega_{\Lambda,0}}}$.

Wir versetzen uns nun noch in die ferne kosmische Epoche t_{end} und blicken entlang unseres Vergangenheitslichtkegels in die Vergangenheit. Es gilt

5.30 $\quad L_{C(t_{end})}(t) = c \cdot a(t) \cdot \displaystyle\int_{t}^{t_{end}} \dfrac{dt}{a(t)}$.

Der Wert des Vergangenheitslichtkegels bei t eines Beobachters bei $(t_{end};0)$ entspricht also gerade dem Ereignishorizont des Beobachters bei $(t;0)$. Das wissen wir schon. Ungewöhnlich ist nur, dass der Vergangenheitslichtkegel am Ende der Zeit, bei $(t_{end};0)$ also, kein lokales Maximum besitzt. Die lokalen Maxima der Vergangenheitslichtkegel werden mit zunehmender kosmischer Zeit immer weiter in die Zukunft verschoben. Am Ende der Zeit, so könnte man diesen Sachverhalt interpretieren, gibt es nichts mehr zu sehen. Sämtliche Galaxien haben sich soweit von uns entfernt, dass uns keine Lichtemissionen mehr erreichen können. Das Universum wird ziemlich leer und wir werden ziemlich alleine sein. Das ist keine gute Aussicht. Aber das Universum existiert nicht und verhält sich auch nicht zum Wohle einer Spezies, die es eher per Zufall hervorgebracht hat. Das ist vielleicht die entscheidende Einsicht aus dieser Geschichte. Alles andere sind möglicherweise ausschließlich Wünsche und Sehnsüchte dieser Spezies, die mit der Realität relativ wenig gemein haben.

6 Zusammenfassung

Die Ergebnisse zusammenfassend, stellen wir die Elemente des sichtbaren Universums aus der Perspektive der gegenwärtigen Epoche und aus der Position unserer Milchstraße dar.

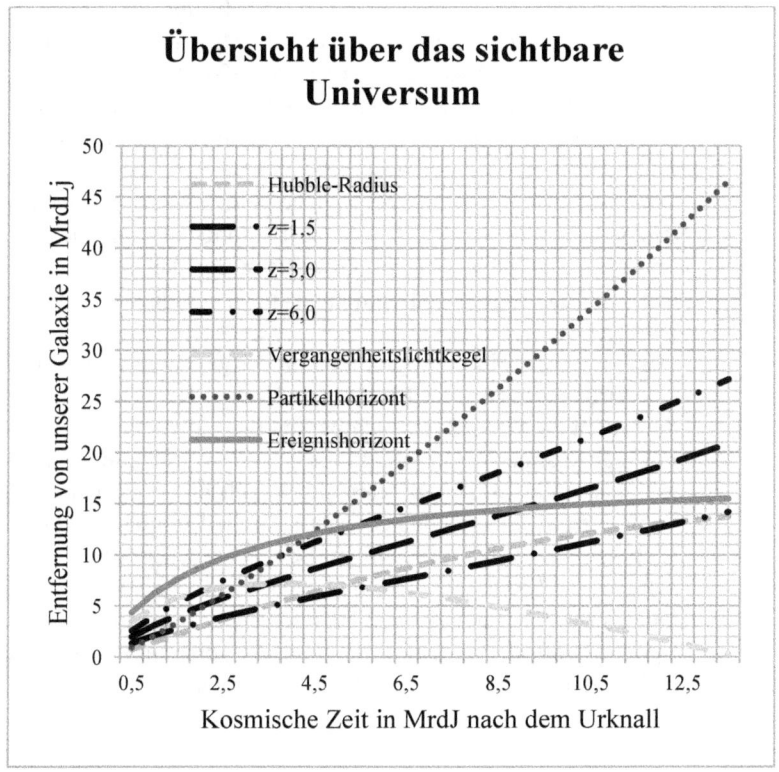

Abbildung 6.1: Das sichtbare Universum im Überblick

Um die Abbildung nicht zu überfrachten, haben wir uns dabei auf die Darstellung der Weltlinien dreier Galaxien beschränkt, und zwar auf die

Galaxien mit den Rotverschiebungen z=1,5, z=3,0 und z=6,0. Außerdem stellen wir den Vergangenheitslichtkegel der gegenwärtigen Epoche, den Verlauf des Partikelhorizonts, des Ereignishorizonts sowie die Hubble-Radius-Funktion dar.

Wir fassen zusammen:

1. Der Partikelhorizont unserer Epoche ist ca. 47,6 MrdLj von uns entfernt. Wir sehen Galaxien bis zu einer Entfernung von 47,6 MrdLj und blicken gleichzeitig ca. 13,7 MrdJ in die Vergangenheit. Wir wissen, dass diese Aussage insofern theoretisch ist, dass zum Beginn der Zeit noch keine Galaxien existiert haben und dass sich Licht erst nach der Rekombination, etwa 400.000 Jahre nach dem Urknall, ausbreiten konnte.
2. Der Ereignishorizont unserer Epoche befindet sich in einer Distanz von ca. 15,5 MrdLj. Das heißt, Photonen, die aus dieser Entfernung heute, also in der gegenwärtigen Epoche, emittiert werden, werden unsere Position niemals bzw. gerade noch erreichen können.
3. Der Radius der Hubble-Sphäre hat in der gegenwärtigen Epoche eine Größe von ca. 13,8 MrdLj. Der Hubble-Radius ist insbesondere nicht die Grenze der Sichtbarkeit des Universums.
4. Für jede kosmische Beobachtungsepoche t waren alle Raumzeitereignisse, die „unterhalb" des Lichtkegels dieser Epoche liegen, in einer früheren Epoche beobachtbar. Alle Ereignisse „auf" dem Lichtkegel sind in der jeweiligen Beobachtungsepoche beobachtbar und Ereignisse „oberhalb" des Lichtkegels werden, solange sie „unter" dem Ereignishorizont liegen, in einer späteren Epoche beobachtbar sein. Ereignisse, die „oberhalb" des Ereignishorizonts liegen, werden niemals beobachtbar sein.

Hinweis:

Die ausgewiesenen Zahlen sind im Rahmen des Referenzmodells stark abhängig von den verwendeten Eingangsparametern $\Omega_{m,0}$, $\Omega_{\Lambda,0}$ und H_0.

Die Ergebnisse können deshalb im Rahmen der Theorie nur als „ungefähr" eingestuft werden. Im Übrigen ist die Genauigkeit der ausgewiesenen Werte eher nachrangig.

LITERATURVERZEICHNIS

1: Becker, Klaus: Das expanierende Universum, Eine mathematische Reise durch die Zeit, Pro BUSINESS Verlag Berlin, 2011, ISBN: 978-3-86805-870-3

2: Guth, Alan: Die Geburt des Kosmos aus dem Nichts, Die Theorie des inflationären Universums; Droemersche Verlagsanstalt Th. Knaur Nachf., München 2002, ISBN 3-426-77610-3

3: Harrison, Edward: Cosmology The Science of the Universe, 2nd Edition, Cambridge University Press 1981, 2000, ISBN 0-521-66148

4: Vaas, Rüdiger: Hawkings neues Universum, Wie es zum Urknall kam, Franckh-Kosmos Verlags GmbH & Co. KG, Stuttgart, 2010, ISBN 978-3-440-12726-1

5: WolframAlpha, www.wolframalpha.com

www.ingramcontent.com/pod-product-compliance
Lightning Source LLC
Chambersburg PA
CBHW050243230526
45470CB00005B/2083